金榜時代
GLISTIME 明德·弘毅·惟精

V研客及全国各大考研培训学校指定用书

线性代数辅导讲义

学霸养成笔记与
高分提档严选题

编著 ◎ 李永乐（清华大学）

中国农业出版社
CHINA AGRICULTURE PRESS

·北京·

目录
CONTENTS

第一章　　行列式 ……………………………………… 1

第二章　　矩阵 ………………………………………… 12

第三章　　n 维向量 ………………………………… 24

第四章　　线性方程组 ………………………………… 35

第五章　　特征值与特征向量 ………………………… 45

第六章　　二次型 ……………………………………… 55

附录　　45 分钟水平测试 …………………………… 65

第一章　行列式

刷题纯享版,答案与提示见讲义 28 页

(1) $\begin{vmatrix} 1 & 1 & 1 & 1 \\ 2 & x & 3 & 1 \\ 3 & 3 & x & 6 \\ 4 & 4 & 6 & x \end{vmatrix} = 0$,则 $x = $ _____.

✎ **答题区**　　　　　　　　　　　　❗ **纠错区**

(2) $\begin{vmatrix} 1 & a & 0 & 0 \\ -1 & 1-a & a & 0 \\ 0 & -1 & 1-a & a \\ 0 & 0 & -1 & 1-a \end{vmatrix} = $ _____.

✎ **答题区**　　　　　　　　　　　　❗ **纠错区**

(3) $\begin{vmatrix} x & -1 & 0 & 0 \\ 0 & x & -1 & 0 \\ 0 & 0 & x & -1 \\ 4 & 3 & 2 & 1 \end{vmatrix} = $ _____.

✎ **答题区**　　　　　　　　　　　　❗ **纠错区**

(4) $\begin{vmatrix} 1 & 2 & 3 & \cdots & n \\ -1 & 0 & 3 & \cdots & n \\ -1 & -2 & 0 & \cdots & n \\ \vdots & \vdots & \vdots & & \vdots \\ -1 & -2 & -3 & \cdots & 0 \end{vmatrix} = $ _____.

✎ 答题区　　　　　　　　　　　　　　　　　❗纠错区

(5) $\begin{vmatrix} 1 & 2 & 3 & \cdots & n-1 & n \\ -1 & 1 & 0 & \cdots & 0 & 0 \\ 0 & -1 & 1 & \cdots & 0 & 0 \\ \vdots & \vdots & \vdots & & \vdots & \vdots \\ 0 & 0 & 0 & \cdots & -1 & 1 \end{vmatrix} = $ _____.

✎ 答题区　　　　　　　　　　　　　　　　　❗纠错区

(6) 已知 $\boldsymbol{\alpha}_1, \boldsymbol{\alpha}_2, \boldsymbol{\alpha}_3, \boldsymbol{\beta}, \boldsymbol{\gamma}$ 均为 4 维列向量，又 $\boldsymbol{A} = [\boldsymbol{\alpha}_1, \boldsymbol{\alpha}_2, \boldsymbol{\alpha}_3, \boldsymbol{\beta}], \boldsymbol{B} = [\boldsymbol{\alpha}_1, \boldsymbol{\alpha}_2, \boldsymbol{\alpha}_3, \boldsymbol{\gamma}]$，若 $|\boldsymbol{A}| = 3, |\boldsymbol{B}| = 2$，则 $|\boldsymbol{A} + 2\boldsymbol{B}| = $ _____.

✎ 答题区　　　　　　　　　　　　　　　　　❗纠错区

(7) 设 A,B 均为 n 阶矩阵，$|A|=2$，$|B|=-3$，则 $|2A^*B^{\mathrm{T}}|=$ _____．

✎ 答题区　　　　　　　　　　　　　　❗ 纠错区

(8) 设 $\alpha_1,\alpha_2,\alpha_3$ 均为 3 维列向量，记矩阵 $A=[\alpha_1,\alpha_2,\alpha_3]$，$B=[\alpha_1+\alpha_2+\alpha_3,\alpha_1+2\alpha_2+4\alpha_3,\alpha_1+3\alpha_2+9\alpha_3]$．如果 $|A|=1$，那么 $|B|=$ _____．

✎ 答题区　　　　　　　　　　　　　　❗ 纠错区

二、选择题

(1) $\alpha,\beta,\gamma_1,\gamma_2,\gamma_3$ 均为 4 维列向量，$|A|=|\alpha,\gamma_1,\gamma_2,\gamma_3|=5$，$|B|=|\beta,\gamma_1,\gamma_2,\gamma_3|=-1$，则 $|A+B|=$

(A)4.　　　　　　(B)6.　　　　　　(C)32.　　　　　　(D)48.

✎ 答题区　　　　　　　　　　　　　　❗ 纠错区

（2）已知 $\boldsymbol{\alpha}_1,\boldsymbol{\alpha}_2,\boldsymbol{\alpha}_3,\boldsymbol{\beta},\boldsymbol{\gamma}$ 均为 4 维列向量,若 4 阶行列式

$$|\boldsymbol{\alpha}_1,\boldsymbol{\alpha}_2,\boldsymbol{\alpha}_3,\boldsymbol{\gamma}|=a,\ |\boldsymbol{\beta}+\boldsymbol{\gamma},\boldsymbol{\alpha}_1,\boldsymbol{\alpha}_2,\boldsymbol{\alpha}_3|=b,$$

那么 4 阶行列式 $|2\boldsymbol{\beta},\boldsymbol{\alpha}_3,\boldsymbol{\alpha}_2,\boldsymbol{\alpha}_1|=$

(A)$2a-b.$ (B)$2b-a.$

(C)$-2a-2b.$ (D)$-2a+2b.$

✏️ **答题区**   ❗**纠错区**

（3）设 $\boldsymbol{A}$ 为 n 阶矩阵,则行列式 $|\boldsymbol{A}|=0$ 的必要条件是

(A)$\boldsymbol{A}$ 的两行元素对应成比例.

(B)$\boldsymbol{A}$ 中必有一行为其余各行的线性组合.

(C)$\boldsymbol{A}$ 中有一列元素全为 0.

(D)$\boldsymbol{A}$ 中任一列均为其余各列的线性组合.

✏️ **答题区**   ❗**纠错区**

三、解答题

(1) 已知 A 是 n 阶矩阵,满足 $A^2 = E, A \neq E$,证明 $|A + E| = 0$.

✎ **答题区**

(2) 已知 a, b, c 不全为零,证明齐次方程组

$$\begin{cases} ax_2 + bx_3 + cx_4 = 0, \\ ax_1 + x_2 \qquad\qquad = 0, \\ bx_1 \quad\;\; + x_3 \qquad = 0, \\ cx_1 \qquad\qquad + x_4 = 0 \end{cases}$$

只有零解.

✎ **答题区**

一、学霸小结

自己总结本章所学的知识、方法与技巧,形成结构,既可巩固所学知识,又可培养独立思考分析问题的能力,养成学以致用的良好习惯。

1.

2.

3.

4.

5.

6.

7.

8.

二、错题分类

综合分析哪些题做得比较好,哪些题存在失误。对错题进行归类,有针对性地进行纠错。

类型 1	概念模糊　　知识不清　　未能掌握
题目序号 或页码	纠错与分析
题目序号 或页码	纠错与分析

类型 2	缺失数学思维 方法运用不灵活
题目序号 或页码	纠错与分析
题目序号 或页码	纠错与分析

类型 3	审题不清 不能正确理解题意
题目序号 或页码	纠错与分析
题目序号 或页码	纠错与分析

类型 4	运算能力弱　表述不清
题目序号 或页码	纠错与分析
题目序号 或页码	纠错与分析

第二章　矩阵

刷题纯享版，答案与提示见讲义 64 页

一、填空题

（1）已知 A 是 3 阶矩阵，且所有元素都是 -1，则 $A^4 + 2A^3 = $ _____.

✎ **答题区**　　　　　　　　　　　　❶ **纠错区**

（2）求逆

(A) $\begin{bmatrix} 0 & 0 & 0 & 1 \\ 2 & 0 & 0 & 0 \\ 0 & 3 & 0 & 0 \\ 0 & 0 & 4 & 0 \end{bmatrix}^{-1} = $ _____.

(B) $\begin{bmatrix} 1 & 2 & 0 & 0 \\ 3 & 5 & 0 & 0 \\ 0 & 0 & 2 & -5 \\ 0 & 0 & -1 & 3 \end{bmatrix}^{-1} = $ _____.

(C) $\begin{bmatrix} 1 & 1 & -1 \\ 0 & 1 & 1 \\ 0 & 0 & -1 \end{bmatrix}^{-1} = $ _____.

(D) $\begin{bmatrix} 1 & 1 & 1 \\ 1 & 0 & 0 \\ 1 & -1 & 1 \end{bmatrix}^{-1} = $ _____.

✎ **答题区**　　　　　　　　　　　　❶ **纠错区**

(3) 设 A 是 n 阶矩阵,满足 $(A-E)^3 = (A+E)^3$,则 $(A-2E)^{-1} = $ _____.

✎ 答题区

❗ 纠错区

(4) 已知 $A = \begin{bmatrix} -3 & 2 & -2 \\ 2 & a & 3 \\ 3 & -1 & 1 \end{bmatrix}$,$B$ 是 3 阶非零矩阵,且 $AB = O$,则 $a = $ _____.

✎ 答题区

❗ 纠错区

(5) 设矩阵 $A = \begin{bmatrix} 2 & 1 \\ -1 & 2 \end{bmatrix}$,$E$ 为 2 阶单位矩阵,矩阵 B 满足 $BA = B + 2E$,则 $B = $ _____.

✎ 答题区

❗ 纠错区

（6）设 A 是 3 阶矩阵，A^* 是 A 的伴随矩阵，若 $|A| = 4$，则 $\left| A^* - \left(\dfrac{1}{2} A \right)^{-1} \right| = $ _____．

✏️ **答题区**

❗ **纠错区**

（7）设 A 为 3 阶矩阵，$P = [\boldsymbol{\alpha}_1, \boldsymbol{\alpha}_2, \boldsymbol{\alpha}_3]$ 是 3 阶可逆矩阵，$Q = [\boldsymbol{\alpha}_1, 2\boldsymbol{\alpha}_1 + \boldsymbol{\alpha}_2, \boldsymbol{\alpha}_3]$，如 $P^{-1}AP$

$= \begin{bmatrix} 1 & 1 & 0 \\ 1 & -1 & 0 \\ 0 & 0 & 2 \end{bmatrix}$，则 $Q^{-1}AQ = $ _____．

✏️ **答题区**

❗ **纠错区**

（8）已知 $AX = B$，其中

$$A = \begin{bmatrix} 1 & 2 \\ 2 & 4 \\ 3 & 5 \end{bmatrix}, B = \begin{bmatrix} 2 & 5 & -1 \\ 4 & 10 & -2 \\ 7 & 9 & 3 \end{bmatrix},$$

则 $X = $ _____．

✏️ **答题区**

❗ **纠错区**

二、选择题

(1) 设 A, B 均为 n 阶矩阵,正确命题是

(A) 若 $AB = O$,则 $(A+B)^2 = A^2 + B^2$.

(B) 若 $AB \neq O$,则 $\mid B \mid \neq 0$.

(C) 若 $AB \neq O$,则 $B \neq O$.

(D) 若 $A^2 = O$,则 $A = O$.

✎ 答题区

⚠ 纠错区

(2)(1996,3) 设 n 阶矩阵 A 非奇异 $(n \geqslant 2)$,A^* 是 A 的伴随矩阵,则

(A) $(A^*)^* = \mid A \mid^{n-1} A$.　　　　　　(B) $(A^*)^* = \mid A \mid^{n+1} A$.

(C) $(A^*)^* = \mid A \mid^{n-2} A$.　　　　　　(D) $(A^*)^* = \mid A \mid^{n+2} A$.

✎ 答题区

⚠ 纠错区

(3) 设 $A = E - 2\alpha\alpha^T$,其中 $\alpha = (a_1, a_2, \cdots, a_n)^T$ 且 $\alpha^T\alpha = 1$,则错误的结论是

(A) $A^T = A$.　　　　　　　　(B) $A^2 = A$.

(C) $AA^T = E$.　　　　　　　　(D) α 是 A 的特征向量.

✎ 答题区

⚠ 纠错区

（4）设矩阵 A,B 满足 $A^*BA = 2BA - 8E$，若 $A = \begin{bmatrix} 1 & 0 & 0 \\ 3 & -2 & 0 \\ 0 & 3 & 1 \end{bmatrix}$，则 $|B| =$

(A) -16.　　(B) -1.　　(C) 8.　　(D) 16.

✏️**答题区**　　　　　　　　　　　❗**纠错区**

（5）设 $A = \begin{bmatrix} 1 & a & a & a \\ a & 1 & a & a \\ a & a & 1 & a \\ a & a & a & 1 \end{bmatrix}$，若 A 的伴随矩阵 A^* 的秩为 1，则 $a =$

(A) 1.　　　(B) -1.　　　(C) $-\dfrac{1}{3}$.　　　(D) 3.

✏️**答题区**　　　　　　　　　　　❗**纠错区**

三、解答题

（1）设 A 是 n 阶矩阵，若 $(A+E)^3 = O$，证明矩阵 A 可逆.

✏️**答题区**

（2）A 是 3 阶矩阵，交换 A 的 1,2 两行得到矩阵 B，交换 B 的 1,2 两列得 $\boldsymbol{\Lambda} = \begin{bmatrix} 1 & & \\ & 2 & \\ & & 3 \end{bmatrix}$，

求 A^n 和 BA^*.

✏️答题区

（3）设 B 是 $m \times n$ 矩阵，BB^{T} 可逆，$A = E - B^{\mathrm{T}}(BB^{\mathrm{T}})^{-1}B$，其中 E 是 n 阶单位矩阵.
证明：（Ⅰ）$A^{\mathrm{T}} = A$；
（Ⅱ）$A^2 = A$.

✏️答题区

一、学霸小结

自己总结本章所学的知识、方法与技巧,形成结构,既可巩固所学知识,又可培养独立思考分析问题的能力,养成学以致用的良好习惯。

1.

2.

3.

4.

5.

6.

7.

8.

二、错题分类

综合分析哪些题做得比较好，哪些题存在失误。对错题进行归类，有针对性地进行纠错。

类型 1	概念模糊　　知识不清　　未能掌握
题目序号或页码	纠错与分析
题目序号或页码	纠错与分析

类型 2	缺失数学思维 方法运用不灵活
题目序号 或页码	纠错与分析
题目序号 或页码	纠错与分析

类型 3	审题不清 不能正确理解题意
题目序号 或页码	纠错与分析
题目序号 或页码	纠错与分析

类型 4	运算能力弱　表述不清
题目序号 或页码	纠错与分析
题目序号 或页码	纠错与分析

第三章 n 维向量

一、填空题   刷题纯享版,答案与提示见讲义 94 页

(1) 向量 $\boldsymbol{\alpha}_1 = (1,4,2)^T, \boldsymbol{\alpha}_2 = (2,7,3)^T, \boldsymbol{\alpha}_3 = (0,1,a)^T$ 可以表示任一个 3 维向量,则 a 的取值为_____.

✏️ 答题区   ⚠️ 纠错区

(2) 已知向量组 $\boldsymbol{\alpha}_1 = (1,3,2,a)^T, \boldsymbol{\alpha}_2 = (2,7,a,3)^T, \boldsymbol{\alpha}_3 = (0,a,5,-5)^T$ 线性相关,则 $a = $ _____.

✏️ 答题区   ⚠️ 纠错区

(3) 向量组 $\boldsymbol{\alpha}_1 = (1,3,6,2)^T, \boldsymbol{\alpha}_2 = (2,1,2,-1)^T, \boldsymbol{\alpha}_3 = (1,-1,a,-2)^T$ 的秩为 2,则 $a = $ _____.

✏️ 答题区   ⚠️ 纠错区

(4) 设矩阵 $\boldsymbol{A} = \begin{bmatrix} 1 & 0 & 1 \\ 1 & 1 & 2 \\ 0 & 1 & 1 \end{bmatrix}$, $\boldsymbol{\alpha}_1, \boldsymbol{\alpha}_2, \boldsymbol{\alpha}_3$ 为线性无关的 3 维列向量组, 则向量组 $\boldsymbol{A\alpha}_1, \boldsymbol{A\alpha}_2,$

$\boldsymbol{A\alpha}_3$ 的秩为 _____.

✎ 答题区

❗ 纠错区

(5) 设矩阵 $\boldsymbol{A} = \begin{bmatrix} 1 & 1 & 1 & 1 \\ 0 & -1 & 1 & b \\ 2 & a & 3 & 4 \\ 3 & 1 & 5 & 7 \end{bmatrix}$, 若 $r(\boldsymbol{A}) = 3$, 则 a, b 满足条件 _____.

✎ 答题区

❗ 纠错区

(6) 已知 $\boldsymbol{A} = \begin{bmatrix} 1 \\ 3 \\ 5 \end{bmatrix} [-2, 0, 3]$, $\boldsymbol{B} = \begin{bmatrix} 1 & 2 & 5 \\ 2 & a & 7 \\ 1 & 3 & 2 \end{bmatrix}$, 若 $r(\boldsymbol{AB} + 2\boldsymbol{B}) = 2$, 则 $a = $ _____.

✎ 答题区

❗ 纠错区

二、选择题

(1) 设向量组 $\boldsymbol{\alpha}_1,\boldsymbol{\alpha}_2,\boldsymbol{\alpha}_3$ 线性无关,则线性无关的向量组是

(A)$\boldsymbol{\alpha}_1-\boldsymbol{\alpha}_2,\boldsymbol{\alpha}_3-\boldsymbol{\alpha}_1,\boldsymbol{\alpha}_2-\boldsymbol{\alpha}_3$.

(B)$\boldsymbol{\alpha}_1-\boldsymbol{\alpha}_2,2\boldsymbol{\alpha}_2+3\boldsymbol{\alpha}_3,\boldsymbol{\alpha}_1+\boldsymbol{\alpha}_3$.

(C)$\boldsymbol{\alpha}_1-\boldsymbol{\alpha}_2,2\boldsymbol{\alpha}_2+\boldsymbol{\alpha}_3,\boldsymbol{\alpha}_1+\boldsymbol{\alpha}_2+\boldsymbol{\alpha}_3$.

(D)$\boldsymbol{\alpha}_1+\boldsymbol{\alpha}_2,2\boldsymbol{\alpha}_1+3\boldsymbol{\alpha}_2,5\boldsymbol{\alpha}_1+8\boldsymbol{\alpha}_2$.

✎ 答题区　　　　　　　　　　　　　❗纠错区

(2) 设 $\boldsymbol{\alpha}_1=\begin{bmatrix}1\\0\\6\\a_1\end{bmatrix},\boldsymbol{\alpha}_2=\begin{bmatrix}1\\-1\\2\\a_2\end{bmatrix},\boldsymbol{\alpha}_3=\begin{bmatrix}2\\0\\7\\a_3\end{bmatrix},\boldsymbol{\alpha}_4=\begin{bmatrix}0\\0\\0\\a_4\end{bmatrix}$,其中 a_1,a_2,a_3,a_4 为任意实数,则

(A)$\boldsymbol{\alpha}_1,\boldsymbol{\alpha}_2,\boldsymbol{\alpha}_3$ 必线性相关.

(B)$\boldsymbol{\alpha}_1,\boldsymbol{\alpha}_2,\boldsymbol{\alpha}_3$ 必线性无关.

(C)$\boldsymbol{\alpha}_1,\boldsymbol{\alpha}_2,\boldsymbol{\alpha}_3,\boldsymbol{\alpha}_4$ 必线性相关.

(D)$\boldsymbol{\alpha}_1,\boldsymbol{\alpha}_2,\boldsymbol{\alpha}_3,\boldsymbol{\alpha}_4$ 必线性无关.

✎ 答题区　　　　　　　　　　　　　❗纠错区

（3）若 $r(\boldsymbol{\alpha}_1,\boldsymbol{\alpha}_2,\cdots,\boldsymbol{\alpha}_s)=r(s>r)$，则

(A) 向量组中任意 $r-1$ 个向量都线性无关.

(B) 向量组中任意 r 个向量都线性无关.

(C) 向量组中任意 $r+1$ 个向量都线性相关.

(D) 向量组中任意 r 个向量都线性相关.

📝 **答题区**

❗ **纠错区**

（4）向量组 $\boldsymbol{\alpha}_1,\boldsymbol{\alpha}_2,\cdots,\boldsymbol{\alpha}_s$ 线性无关的充分必要条件是

(A) $\boldsymbol{\alpha}_1,\boldsymbol{\alpha}_2,\cdots,\boldsymbol{\alpha}_s$ 中任意 $s-1$ 个向量都线性无关.

(B) 存在向量 $\boldsymbol{\alpha}_{s+1}$ 使向量组 $\boldsymbol{\alpha}_1,\boldsymbol{\alpha}_2,\cdots,\boldsymbol{\alpha}_s,\boldsymbol{\alpha}_{s+1}$ 仍线性无关.

(C) 存在不全为 0 的一组数 $k_1,k_2,\cdots,k_s$ 使 $k_1\boldsymbol{\alpha}_1+k_2\boldsymbol{\alpha}_2+\cdots+k_s\boldsymbol{\alpha}_s\neq\boldsymbol{0}$.

(D) 任意不全为 0 的一组数 $k_1,k_2,\cdots,k_s$ 恒有 $k_1\boldsymbol{\alpha}_1+k_2\boldsymbol{\alpha}_2+\cdots+k_s\boldsymbol{\alpha}_s\neq\boldsymbol{0}$.

📝 **答题区**

❗ **纠错区**

三、解答题

（1）已知 n 维向量组（Ⅰ）$\boldsymbol{\alpha}_1,\boldsymbol{\alpha}_2,\cdots,\boldsymbol{\alpha}_s$ 与（Ⅱ）$\boldsymbol{\alpha}_1,\boldsymbol{\alpha}_2,\cdots,\boldsymbol{\alpha}_s,\boldsymbol{\beta}$ 有相同的秩，证明 $\boldsymbol{\beta}$ 可以由 $\boldsymbol{\alpha}_1,\boldsymbol{\alpha}_2,\cdots,\boldsymbol{\alpha}_s$ 线性表出.

📝 **答题区**

（2）已知 n 维向量 $\boldsymbol{\alpha}_1,\boldsymbol{\alpha}_2,\cdots,\boldsymbol{\alpha}_s$ 非零且两两正交，证明 $\boldsymbol{\alpha}_1,\boldsymbol{\alpha}_2,\cdots,\boldsymbol{\alpha}_s$ 线性无关.

✏️ 答题区

（3）设 $\boldsymbol{\alpha}_1,\boldsymbol{\alpha}_2,\boldsymbol{\beta}_1,\boldsymbol{\beta}_2$ 均是 3 维列向量，且 $\boldsymbol{\alpha}_1,\boldsymbol{\alpha}_2$ 线性无关，$\boldsymbol{\beta}_1,\boldsymbol{\beta}_2$ 线性无关，证明存在非零向量 $\boldsymbol{\gamma}$，使得 $\boldsymbol{\gamma}$ 既可由 $\boldsymbol{\alpha}_1,\boldsymbol{\alpha}_2$ 线性表出也可由 $\boldsymbol{\beta}_1,\boldsymbol{\beta}_2$ 线性表出.

当 $\boldsymbol{\alpha}_1 = \begin{bmatrix} 1 \\ 0 \\ 2 \end{bmatrix}, \boldsymbol{\alpha}_2 = \begin{bmatrix} 2 \\ -1 \\ 3 \end{bmatrix}, \boldsymbol{\beta}_1 = \begin{bmatrix} -3 \\ 2 \\ -5 \end{bmatrix}, \boldsymbol{\beta}_2 = \begin{bmatrix} 0 \\ 1 \\ 1 \end{bmatrix}$ 时，求出所有的向量 $\boldsymbol{\gamma}$.

✏️ 答题区

一、学霸小结

自己总结本章所学的知识、方法与技巧,形成结构,既可巩固所学知识,又可培养独立思考分析问题的能力,养成学以致用的良好习惯。

1.

2.

3.

4.

5.

_____

6.

_____

7.

_____

8.

_____

二、错题分类

综合分析哪些题做得比较好,哪些题存在失误。对错题进行归类,有针对性地进行纠错。

类型 1	概念模糊　　知识不清　　未能掌握
题目序号 或页码	纠错与分析
题目序号 或页码	纠错与分析

类型 2	缺失数学思维 方法运用不灵活
题目序号 或页码	纠错与分析
题目序号 或页码	纠错与分析

类型 3	审题不清 不能正确理解题意
题目序号 或页码	纠错与分析
题目序号 或页码	纠错与分析

类型 4	运算能力弱 表述不清
题目序号 或页码	纠错与分析
题目序号 或页码	纠错与分析

第四章　线性方程组

刷题纯享版,答案与提示见讲义126页

一、填空题

(1) 方程 $x_1 - 2x_2 + 3x_3 - 4x_4 = 0$ 的通解是 _____.

📝 **答题区**

❗ **纠错区**

(2) 设矩阵 $A = \begin{bmatrix} 1 & 1 & 2-a \\ 3-2a & 2-a & 1 \\ 2-a & 2-a & 1 \end{bmatrix}$, $b = \begin{bmatrix} 1 \\ a \\ -1 \end{bmatrix}$, 若方程组 $Ax = b$ 有解且不唯一,

则 $a = $ _____.

📝 **答题区**

❗ **纠错区**

(3) 已知 $\alpha_1, \alpha_2, \alpha_3$ 是非齐次方程组 $Ax = \beta$ 的 3 个不同的解,若 $a\alpha_1 + 3\alpha_2 + b\alpha_3$ 是 $Ax = 0$ 的解,$4a\alpha_1 - 3b\alpha_2 - \alpha_3$ 是 $Ax = \beta$ 的解,则 $a = $ _____.

📝 **答题区**

❗ **纠错区**

（4）设 $\boldsymbol{\alpha}_1,\boldsymbol{\alpha}_2,\boldsymbol{\alpha}_3$ 是 4 元非齐次线性方程组 $\boldsymbol{Ax}=\boldsymbol{b}$ 的 3 个解向量，且秩 $r(\boldsymbol{A})=3$，若 $\boldsymbol{\alpha}_1=(1,2,3,4)^{\mathrm{T}},2\boldsymbol{\alpha}_2-3\boldsymbol{\alpha}_3=(0,1,-1,0)^{\mathrm{T}}$，则方程组 $\boldsymbol{Ax}=\boldsymbol{b}$ 的通解是 _____.

✏️ **答题区**

❗ **纠错区**

（5）已知方程组

$$\begin{cases} 2x_1 - x_2 + 3x_3 = 0 \\ 4x_1 + 2x_2 + tx_3 = 0 \\ x_1 \qquad + x_3 = 0 \end{cases}$$

的系数矩阵是 $\boldsymbol{A}$. 若 $\boldsymbol{B}$ 是 3 阶非零矩阵且 $\boldsymbol{AB}=\boldsymbol{O}$，则 $\boldsymbol{B}=$ _____.

✏️ **答题区**

❗ **纠错区**

（6）已知 $\boldsymbol{A}$ 是 3 阶矩阵，且 $r(\boldsymbol{A}^*)=1$. 若 $\boldsymbol{\xi}_1=(-3,2,0)^{\mathrm{T}},\boldsymbol{\xi}_2=(1,0,2)^{\mathrm{T}}$ 是方程组 $\boldsymbol{Ax}=\boldsymbol{b}$ 的 2 个解，则方程组 $\boldsymbol{Ax}=\boldsymbol{b}$ 的通解是 _____.

✏️ **答题区**

❗ **纠错区**

二、选择题

(1) 设齐次线性方程组 $Ax = 0$ 的一个基础解系是 $\eta_1, \eta_2, \eta_3, \eta_4$，则此方程组的基础解系还可以是

(A) $\eta_1 + \eta_2, \eta_2 + \eta_3, \eta_3 + \eta_4, \eta_4 + \eta_1$.　　(B) $\eta_1 - \eta_2, \eta_2 - \eta_3, \eta_3 + \eta_4, \eta_4 + \eta_1$.

(C) $\eta_1, \eta_2 + \eta_3, \eta_1 + \eta_2 - \eta_3 + \eta_4$.　　(D) $\eta_1 - \eta_2, \eta_2 - \eta_3, \eta_3 - \eta_4, \eta_4 + \eta_1$.

✎ 答题区　　　　　　　　　　　　　　❗纠错区

(2) 设 A 是 $m \times n$ 矩阵，秩 $r(A) = n - 2$，若 $\alpha_1, \alpha_2, \alpha_3$ 是非齐次线性方程组 $Ax = b$ 的三个线性无关的解，k_1, k_2 为任意常数，则方程组 $Ax = b$ 的通解是

(A) $k_1(\alpha_1 - \alpha_2) + k_2(\alpha_2 - \alpha_3)$.

(B) $\alpha_1 + k_1(\alpha_2 + \alpha_3) + k_2(\alpha_1 + \alpha_3)$.

(C) $\dfrac{1}{3}(\alpha_1 + \alpha_2 + \alpha_3) + k_1(\alpha_3 - \alpha_1) + k_2(\alpha_3 - \alpha_2)$.

(D) $\dfrac{1}{2}(\alpha_1 + \alpha_2) + k_1(\alpha_2 - \alpha_3) + k_2(\alpha_3 - \alpha_2)$.

✎ 答题区　　　　　　　　　　　　　　❗纠错区

(3) 设 A 是秩为 $n - 1$ 的 n 阶矩阵，α_1 与 α_2 是齐次方程组 $Ax = 0$ 的两个不同的解向量，则 $Ax = 0$ 的通解必定是

(A) $k(\alpha_1 + \alpha_2)$.　　(B) $k(\alpha_1 - \alpha_2)$.　　(C) $k\alpha_1$.　　(D) $\alpha_1 - \alpha_2$.

✎ 答题区　　　　　　　　　　　　　　❗纠错区

三、解答题

（1）设 $A = \begin{bmatrix} 1 & 2 \\ 3 & 4 \end{bmatrix}$，求与矩阵 A 可交换的矩阵.

🖊 答题区

（2）设矩阵 $A = \begin{bmatrix} 1 & 2 & 1 & 2 \\ 0 & 1 & a & a \\ 1 & a & 0 & 1 \end{bmatrix}$，若齐次线性方程组 $Ax = 0$ 的基础解系有 2 个线性无关

的解向量，试求方程组 $Ax = 0$ 的通解.

🖊 答题区

（3）设线性方程组 $\begin{cases} x_1 + 3x_2 + 2x_3 + x_4 = 1, \\ \quad\quad x_2 + ax_3 - ax_4 = -1, \\ x_1 + 2x_2 \quad\quad + 3x_4 = 3, \end{cases}$ 问 a 为何值时方程组有解？并在有解时求

其所有的解.

🖊 答题区

（4）设 $A = [\boldsymbol{\alpha}_1, \boldsymbol{\alpha}_2, \boldsymbol{\alpha}_3, \boldsymbol{\alpha}_4]$ 是 4 阶矩阵，方程组 $Ax = b$ 的通解是 $(2,1,0,1)^{\mathrm{T}} + k(1,-1,2,0)^{\mathrm{T}}$.证明：$\boldsymbol{\alpha}_4$ 不能由 $\boldsymbol{\alpha}_1, \boldsymbol{\alpha}_2, \boldsymbol{\alpha}_3$ 线性表出，但 $\boldsymbol{\alpha}_4$ 可由 $\boldsymbol{\alpha}_1, \boldsymbol{\alpha}_2, b$ 线性表出并写出表达式.

🖊 答题区

一、学霸小结

自己总结本章所学的知识、方法与技巧,形成结构,既可巩固所学知识,又可培养独立思考分析问题的能力,养成学以致用的良好习惯。

1.

2.

3.

4.

5.

6.

7.

8.

二、错题分类

综合分析哪些题做得比较好,哪些题存在失误。对错题进行归类,有针对性地进行纠错。

类型 1	概念模糊　　知识不清　　未能掌握
题目序号 或页码	纠错与分析
题目序号 或页码	纠错与分析

类型2	缺失数学思维 方法运用不灵活
题目序号 或页码	纠错与分析
题目序号 或页码	纠错与分析

类型 3	审题不清 不能正确理解题意
题目序号 或页码	纠错与分析
题目序号 或页码	纠错与分析

类型 4	运算能力弱 表述不清
题目序号 或页码	纠错与分析
题目序号 或页码	纠错与分析

第五章　特征值与特征向量

一、填空题

刷题纯享版，答案与提示见讲义155页

(1) 若 1 是矩阵 $A = \begin{bmatrix} 2 & -1 & 2 \\ 5 & a & 3 \\ -1 & 1 & -2 \end{bmatrix}$ 的特征值，则 $a = $ _____.

✎ 答题区

❗纠错区

(2) 设 A 是 3 阶矩阵，且矩阵 A 的各行元素之和均为 5，则矩阵 A 必有特征向量 _____.

✎ 答题区

❗纠错区

(3) 已知矩阵 $A = \begin{bmatrix} 3 & a \\ 1 & 5 \end{bmatrix}$ 只有一个线性无关的特征向量，则 $a = $ _____.

✎ 答题区

❗纠错区

(4)A 是 4 阶矩阵,伴随矩阵 A^* 的特征值是 $1, -2, -4, 8$,则矩阵 A 的特征值是_____.

 答题区   纠错区

(5)已知 $\boldsymbol{\alpha} = (1, a, 1)^{\mathrm{T}}$ 是 $A = \begin{bmatrix} 2 & 1 & 1 \\ 1 & 2 & 1 \\ 1 & 1 & 2 \end{bmatrix}$ 的特征向量,则 $a = $ _____.

 答题区   纠错区

二、选择题

(1)矩阵 $A = \begin{bmatrix} 1 & 1 & 1 \\ 1 & 3 & 1 \\ 1 & 1 & 1 \end{bmatrix}$ 的三个特征值是

(A)$1, 4, 0$.   (B)$2, 3, 0$.   (C)$2, 4, 0$.   (D)$2, 4, -1$.

答题区   纠错区

（2）设 A 是 3 阶不可逆矩阵，$\boldsymbol{\alpha}_1$，$\boldsymbol{\alpha}_2$ 是 $Ax = 0$ 的基础解系，$\boldsymbol{\alpha}_3$ 是 A 属于特征值 $\lambda = 1$ 的特征向量，则下列不是 A 的特征向量的是

(A)$\boldsymbol{\alpha}_1 + 3\boldsymbol{\alpha}_2$.　　　　(B)$5\boldsymbol{\alpha}_3$.　　　　(C)$\boldsymbol{\alpha}_1 - \boldsymbol{\alpha}_2$.　　　　(D)$\boldsymbol{\alpha}_2 - \boldsymbol{\alpha}_3$.

✏️ 答题区

❗纠错区

（3）与矩阵 $A = \begin{bmatrix} 1 & 2 \\ 0 & 3 \end{bmatrix}$ 不相似的矩阵是

(A)$\begin{bmatrix} 1 & 0 \\ 2 & 3 \end{bmatrix}$.　　　　(B)$\begin{bmatrix} 3 & 5 \\ 0 & 1 \end{bmatrix}$.　　　　(C)$\begin{bmatrix} 1 & 1 \\ 3 & 3 \end{bmatrix}$.　　　　(D)$\begin{bmatrix} 2 & 1 \\ 1 & 2 \end{bmatrix}$.

✏️ 答题区

❗纠错区

（4）不能相似对角化的矩阵是

(A)$\begin{bmatrix} 1 & 2 & -1 \\ 2 & 0 & 0 \\ -1 & 0 & 0 \end{bmatrix}$.　　　　(B)$\begin{bmatrix} 0 & 0 & 0 \\ 1 & 0 & 0 \\ 0 & 2 & 1 \end{bmatrix}$.

(C)$\begin{bmatrix} 0 & 0 & 0 \\ 0 & 0 & 0 \\ 1 & 2 & -1 \end{bmatrix}$.　　　　(D)$\begin{bmatrix} 0 & 0 & 0 \\ 0 & 1 & 0 \\ 0 & 1 & 2 \end{bmatrix}$.

✏️ 答题区

❗纠错区

三、解答题

(1) 已知 A 是 3 阶实对称矩阵,特征值是 $1,1,-2$,其中属于 $\lambda=-2$ 的特征向量是 $\boldsymbol{\alpha}=(1,0,1)^{\mathrm{T}}$,求 A^3.

✏️ 答题区

(2) 已知矩阵 $A=\begin{bmatrix} 2 & 1 & 1 \\ 3 & 0 & a \\ 0 & 0 & 3 \end{bmatrix}$ 与对角矩阵 $\boldsymbol{\Lambda}$ 相似,求 a 的值.并求可逆矩阵 P,使 $P^{-1}AP=\boldsymbol{\Lambda}$.

✏️ 答题区

(3) 已知 $\lambda=2$ 是矩阵 $A=\begin{bmatrix} 4 & 2 & 2 \\ 2 & 4 & a \\ 2 & a & a+2 \end{bmatrix}$ 的二重特征值,求 a 的值并求正交矩阵 Q 使

$Q^{-1}AQ=\boldsymbol{\Lambda}$.

✏️ 答题区

(4) 设 $\boldsymbol{\alpha}_1,\boldsymbol{\alpha}_2$ 是矩阵 A 属于不同特征值的特征向量,证明 $\boldsymbol{\alpha}_1+\boldsymbol{\alpha}_2$ 不是矩阵 A 的特征向量.

✏️ 答题区

(5) 设 A 是 n 阶矩阵,$A\neq O$ 但 $A^3=O$,证明 A 不能相似对角化.

✏️ 答题区

一、学霸小结

　　自己总结本章所学的知识、方法与技巧,形成结构,既可巩固所学知识,又可培养独立思考分析问题的能力,养成学以致用的良好习惯。

1.

2.

3.

4.

5.

6.

7.

8.

二、错题分类

综合分析哪些题做得比较好,哪些题存在失误。对错题进行归类,有针对性地进行纠错。

类型 1	概念模糊 知识不清 未能掌握
题目序号 或页码	纠错与分析
题目序号 或页码	纠错与分析

类型 2	缺失数学思维 方法运用不灵活
题目序号 或页码	纠错与分析
题目序号 或页码	纠错与分析

类型 3	审题不清 不能正确理解题意
题目序号 或页码	纠错与分析
题目序号 或页码	纠错与分析

类型 4	运算能力弱 表述不清
题目序号 或页码	纠错与分析
题目序号 或页码	纠错与分析

第六章 二次型

一、填空题　　　　　　　　　　　　　　　　　　　　　　　刷题纯享版,答案与提示见讲义 183 页

(1) 二次型 $f(x_1, x_2, x_3) = x_1^2 - 3x_3^2 - 2x_1x_2 + 2x_1x_3 - 6x_2x_3$ 的秩 $r(f) = $ _____.

✎ **答题区**　　　　　　　　　　　　　　　　⚠ **纠错区**

(2) 二次型 $f(x_1, x_2, x_3) = 2x_2^2 + 2x_1x_2 - 2x_1x_3 + 2ax_2x_3$ 的秩为 2,则 f 在正交变换下的标准形是 _____.

✎ **答题区**　　　　　　　　　　　　　　　　⚠ **纠错区**

(3) 二次型 $f = x_1^2 - x_2x_3$ 的规范形是 _____.

✎ **答题区**　　　　　　　　　　　　　　　　⚠ **纠错区**

（4）二次型 $5x_1^2 + x_2^2 + tx_3^2 + 4x_1x_2 - 2x_1x_3 - 2x_2x_3$ 正定，则 t _____.

✏️ **答题区**

❗ **纠错区**

（5）已知 $\boldsymbol{A} = \begin{bmatrix} 1 & 1 & 1 \\ 1 & 1 & 1 \\ 1 & 1 & 1 \end{bmatrix}$，若 $\boldsymbol{A} + k\boldsymbol{E}$ 是正定矩阵，则 k _____.

✏️ **答题区**

❗ **纠错区**

二、选择题

（1）与矩阵 $\boldsymbol{A} = \begin{bmatrix} 1 & 0 & 0 \\ 0 & -1 & 2 \\ 0 & 2 & 2 \end{bmatrix}$ 合同的矩阵是

(A) $\begin{bmatrix} 1 & & \\ & -1 & \\ & & 0 \end{bmatrix}$.

(B) $\begin{bmatrix} 1 & & \\ & 1 & \\ & & -1 \end{bmatrix}$.

(C) $\begin{bmatrix} 1 & & \\ & -1 & \\ & & -1 \end{bmatrix}$.

(D) $\begin{bmatrix} -1 & & \\ & -1 & \\ & & -1 \end{bmatrix}$.

✏️ **答题区**

❗ **纠错区**

（2）对于 n 元二次型 $\boldsymbol{x}^{\mathrm{T}}\boldsymbol{A}\boldsymbol{x}$，下述结论中正确的是

（A）化 $\boldsymbol{x}^{\mathrm{T}}\boldsymbol{A}\boldsymbol{x}$ 为标准形的坐标变换是唯一的.　（B）化 $\boldsymbol{x}^{\mathrm{T}}\boldsymbol{A}\boldsymbol{x}$ 为规范形的坐标变换是唯一的.

（C）$\boldsymbol{x}^{\mathrm{T}}\boldsymbol{A}\boldsymbol{x}$ 的标准形是唯一的.　（D）$\boldsymbol{x}^{\mathrm{T}}\boldsymbol{A}\boldsymbol{x}$ 的规范形是唯一的.

✎ 答题区

⚠ 纠错区

（3）n 元二次型 $\boldsymbol{x}^{\mathrm{T}}\boldsymbol{A}\boldsymbol{x}$ 正定的充分必要条件是

（A）存在正交矩阵 $\boldsymbol{P}$，$\boldsymbol{P}^{\mathrm{T}}\boldsymbol{A}\boldsymbol{P}=\boldsymbol{E}$.　（B）负惯性指数为零.

（C）$\boldsymbol{A}$ 与单位矩阵合同.　（D）存在 n 阶矩阵 $\boldsymbol{C}$，使 $\boldsymbol{A}=\boldsymbol{C}^{\mathrm{T}}\boldsymbol{C}$.

✎ 答题区

⚠ 纠错区

三、解答题

（1）已知二次型

$$f(x_1,x_2,x_3)=5x_1^2+5x_2^2+cx_3^2+2x_1x_2+4x_1x_3-4x_2x_3$$

的秩为 2，求 c，并用正交变换把 f 化成标准形，写出相应的正交矩阵.

✎ 答题区

（2）已知 A 是 n 阶正定矩阵,证明 A 的伴随矩阵 A^* 是正定矩阵.

✏️ 答题区

（3）设二次型
$$f(x_1,x_2,x_3)=2x_1^2-x_2^2+ax_3^2+2x_1x_2-8x_1x_3+2x_2x_3$$
在正交变换 $x=Qy$ 下的标准形为 $\lambda_1 y_1^2+\lambda_2 y_2^2$,求 a 的值及一个正交矩阵 Q.

✏️ 答题区

一、学霸小结

自己总结本章所学的知识、方法与技巧,形成结构,既可巩固所学知识,又可培养独立思考分析问题的能力,养成学以致用的良好习惯。

1.

2.

3.

4.

5.

6.

7.

8.

二、错题分类

综合分析哪些题做得比较好,哪些题存在失误。对错题进行归类,有针对性地进行纠错。

类型 1	概念模糊　　知识不清　　未能掌握
题目序号 或页码	纠错与分析
题目序号 或页码	纠错与分析

类型 2	缺失数学思维 方法运用不灵活
题目序号 或页码	纠错与分析
题目序号 或页码	纠错与分析

类型 3	审题不清 不能正确理解题意
题目序号 或页码	纠错与分析
题目序号 或页码	纠错与分析

类型 4	运算能力弱 表述不清
题目序号 或页码	纠错与分析
题目序号 或页码	纠错与分析

附录 45分钟水平测试

刷题纯享版,答案与提示见讲义187页

自测(一)

1. 若向量组 $\boldsymbol{\alpha}_1 = (4, -1, 3, -2)^T$, $\boldsymbol{\alpha}_2 = (8, -2, a, -4)^T$, $\boldsymbol{\alpha}_3 = (3, -1, 4, -2)^T$, $\boldsymbol{\alpha}_4 = (a, -2, 8, -4)^T$ 的秩为2,则 $a = $ _____.

✏️ **答题区**

2. 已知 $\boldsymbol{A} = \begin{bmatrix} 0 & 0 & 0 & 0 \\ 1 & 0 & 0 & 0 \\ 0 & 1 & 0 & 0 \\ 0 & 0 & 1 & 0 \end{bmatrix}$, $\boldsymbol{E}$ 是4阶单位矩阵,则 $(\boldsymbol{E} + \boldsymbol{A} + \boldsymbol{A}^2 + \boldsymbol{A}^3 + \boldsymbol{A}^4 + \boldsymbol{A}^5)^{-1} = $ _____.

✏️ **答题区**

3.矩阵 $A = \begin{bmatrix} -1 & 1 & 0 \\ -4 & 3 & 0 \\ 1 & 0 & 2 \end{bmatrix}$ 的特征值是

(A)1,1,2.　　　　　　　　　　　(B)-1,1,2.

(C)0,1,3.　　　　　　　　　　　(D)1,2,2.

✏️ 答题区

4.$\boldsymbol{\alpha}_1 = \begin{bmatrix} 1 \\ 0 \\ 0 \\ c_1 \end{bmatrix}$，$\boldsymbol{\alpha}_2 = \begin{bmatrix} 1 \\ -1 \\ 0 \\ c_2 \end{bmatrix}$，$\boldsymbol{\alpha}_3 = \begin{bmatrix} 1 \\ -1 \\ 1 \\ c_3 \end{bmatrix}$，$\boldsymbol{\alpha}_4 = \begin{bmatrix} 1 \\ 2 \\ 3 \\ c_4 \end{bmatrix}$，任意的 $c_i(i=1,2,3,4)$ 总有

(A)$\boldsymbol{\alpha}_1,\boldsymbol{\alpha}_2,\boldsymbol{\alpha}_3$ 线性相关.　　　　　(B)$\boldsymbol{\alpha}_1,\boldsymbol{\alpha}_2,\boldsymbol{\alpha}_3,\boldsymbol{\alpha}_4$ 线性相关.

(C)$\boldsymbol{\alpha}_1,\boldsymbol{\alpha}_2,\boldsymbol{\alpha}_3$ 线性无关.　　　　　(D)$\boldsymbol{\alpha}_1,\boldsymbol{\alpha}_2,\boldsymbol{\alpha}_3,\boldsymbol{\alpha}_4$ 线性无关.

✏️ 答题区

5.已知 $\boldsymbol{\beta} = \begin{bmatrix} 2 \\ 3 \\ 4 \end{bmatrix}$ 可由 $\boldsymbol{\alpha}_1 = \begin{bmatrix} 1 \\ 1 \\ 1 \end{bmatrix}, \boldsymbol{\alpha}_2 = \begin{bmatrix} a \\ 1 \\ 1 \end{bmatrix}, \boldsymbol{\alpha}_3 = \begin{bmatrix} 1 \\ 2 \\ b \end{bmatrix}$ 线性表出,求 a,b 的值,并当 $\boldsymbol{\beta}$ 表示

法不唯一时写出 $\boldsymbol{\beta}$ 的表达式.

✏ **答题区**

6.已知矩阵 $\boldsymbol{A} = \begin{bmatrix} 2 & 0 & 1 \\ a & -1 & 2 \\ 3 & 0 & 0 \end{bmatrix}$ 有三个线性无关的特征向量,求 a 的值,并求 $\boldsymbol{A}^{10}$.

✏ **答题区**

自测（二）

1. 设矩阵 A 是秩为 2 的 4 阶矩阵，$\boldsymbol{\alpha}_1,\boldsymbol{\alpha}_2,\boldsymbol{\alpha}_3$ 是方程组 $A\boldsymbol{x}=\boldsymbol{b}$ 的 3 个解，其中 $\boldsymbol{\alpha}_1+\boldsymbol{\alpha}_2=(2,1,-8,10)^{\mathrm{T}}$，$2\boldsymbol{\alpha}_2-\boldsymbol{\alpha}_3=(2,0,-24,29)^{\mathrm{T}}$，$\boldsymbol{\alpha}_2+\boldsymbol{\alpha}_3=(1,0,-3,4)^{\mathrm{T}}$，则方程组 $A\boldsymbol{x}=\boldsymbol{b}$ 的通解是_____.

✎ 答题区

2. 已知 $A=\begin{bmatrix}1 & 1 & 1\\ 0 & 1 & 1\\ 1 & 0 & 2\end{bmatrix}$，矩阵 B 满足 $A^*BA-2A^*B=4E$，其中 A^* 是 A 的伴随矩阵，E 是 3 阶单位矩阵，则矩阵 $B=$ _____.

✎ 答题区

3.已知 n 维向量 $\boldsymbol{\alpha}_1,\boldsymbol{\alpha}_2,\cdots\boldsymbol{\alpha}_s,\boldsymbol{\beta}_1,\boldsymbol{\beta}_2,\cdots,\boldsymbol{\beta}_{s-1}$.如果秩 $r(\boldsymbol{\alpha}_1,\boldsymbol{\alpha}_2,\cdots,\boldsymbol{\alpha}_s,\boldsymbol{\beta}_1,\boldsymbol{\beta}_2,\cdots,\boldsymbol{\beta}_{s-1}) = r(\boldsymbol{\beta}_1,\boldsymbol{\beta}_2,\cdots,\boldsymbol{\beta}_{s-1})$,则必有

(A)$\boldsymbol{\alpha}_1,\boldsymbol{\alpha}_2,\cdots,\boldsymbol{\alpha}_s$ 线性相关.　　　　(B)$\boldsymbol{\beta}_1,\boldsymbol{\beta}_2,\cdots,\boldsymbol{\beta}_{s-1}$ 线性相关.

(C)$\boldsymbol{\alpha}_1,\boldsymbol{\alpha}_2,\cdots,\boldsymbol{\alpha}_s$ 线性无关.　　　　(D)$\boldsymbol{\beta}_1,\boldsymbol{\beta}_2,\cdots,\boldsymbol{\beta}_{s-1}$ 线性无关.

✎ 答题区

4.设 A 是3阶实对称矩阵,特征值是 $0,1,2$,若 $B = A^3 - 3A^2 + 2E$,则与 B 相似的矩阵是

(A)$\begin{bmatrix} 1 & & \\ & 3 & \\ & & -1 \end{bmatrix}$.　　(B)$\begin{bmatrix} 2 & & \\ & 0 & \\ & & -2 \end{bmatrix}$.　　(C)$\begin{bmatrix} 0 & & \\ & 1 & \\ & & 2 \end{bmatrix}$.　　(D)$\begin{bmatrix} 2 & & \\ & 2 & \\ & & 6 \end{bmatrix}$.

✎ 答题区

5. 设 $A = \begin{bmatrix} 1 & 0 & 1 \\ -4 & 5 & 1 \\ 4 & 0 & a \end{bmatrix}$ 与 $B = \begin{bmatrix} 0 & & \\ & 5 & \\ & & b \end{bmatrix}$ 相似，求 a,b 的值，并求可逆矩阵 P 使 $P^{-1}AP = B$.

✏ **答题区**

6. 已知二次型
$$f(x_1, x_2, x_3) = x_1^2 + x_2^2 + 9x_3^2 - 2x_1x_2 + 6x_1x_3 - 6x_2x_3,$$
（1）求正交变换化二次型为标准形；

（2）判断此二次型是否正定.

✏ **答题区**